런런 옥스퍼드 수학

KB130631

4권

곱셈 기본 다지기

나는 이브야.

안녕! 나는 오디야.

차 례

 동그라미 하기

 색칠하기

 수 세기

 그리기

 스티커 붙이기

 선 잇기

 놀이하기

 읽기

 쓰기

2단 곱셈 알기

각 빨랫줄에 걸린 양말이 몇 개인지 ◯ 안에 알맞은 수를 쓰세요.

양말 2개를 1켤레라고 해.

양말 1켤레는 $\boxed{2}$ 개예요.

양말 2켤레는 $\boxed{}$ 개예요.

양말 3켤레는 $\boxed{}$ 개예요.

양말 4켤레는 $\boxed{}$ 개예요.

양말 5켤레는 $\boxed{}$ 개예요.

양말 6켤레는 $\boxed{}$ 개예요.

양말 7켤레는 $\boxed{}$ 개예요.

양말 8켤레는 $\boxed{}$ 개예요.

양말 9켤레는 $\boxed{}$ 개예요.

양말 10켤레는 $\boxed{}$ 개예요.

양말 11켤레는 $\boxed{}$ 개예요.

양말 12켤레는 $\boxed{}$ 개예요.

2단 곱셈을 완성하세요.

$2 \times 1 = \boxed{2}$ $2 \times 5 = \boxed{}$ $2 \times 9 = \boxed{}$

$2 \times 2 = \boxed{}$ $2 \times 6 = \boxed{}$ $2 \times 10 = \boxed{}$

$2 \times 3 = \boxed{}$ $2 \times 7 = \boxed{}$ $2 \times 11 = \boxed{}$

$2 \times 4 = \boxed{}$ $2 \times 8 = \boxed{}$ $2 \times 12 = \boxed{}$

2쪽의 양말을 이용하면 도움이 될 거야!

 엄마 오리가 새끼 오리들에게 가려고 해요.
2단 곱셈의 값을 모두 찾아 색칠하세요.

| 4 | 15 | 1 | 7 | 23 |

| 7 | 10 | 13 | 23 | 5 | 1 | 17 |

| 1 | 6 | 22 | 8 | 1 | 3 | 21 | 11 |

| 3 | 9 | 5 | 24 | 5 | 7 | 1 |

| 1 | 11 | 12 | 16 | 19 | 5 | 1 |

| 21 | 1 | 20 | 23 | 15 | 3 | 9 |

| 1 | 14 | 2 | 18 |

잘했어!

칭찬 스티커를 붙이세요.

3

문제를 다 푼 다음, 32쪽으로!

탁자에 과자가 모두 몇 개인지 세어 보고, ☐ 안에 알맞은 수를 쓰세요.

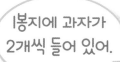

2개씩 **4** 봉지로

모두 **8** 개 있어요.

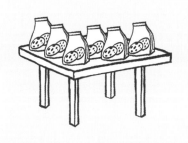

2개씩 ☐ 봉지로

모두 ☐ 개 있어요.

2개씩 ☐ 봉지로

모두 ☐ 개 있어요.

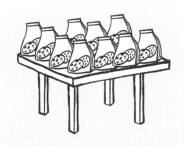

2개씩 ☐ 봉지로

모두 ☐ 개 있어요.

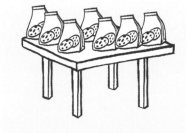

2개씩 ☐ 봉지로

모두 ☐ 개 있어요.

2개씩 ☐ 봉지로

모두 ☐ 개 있어요.

 2단 곱셈의 값과 같은 수의 동물 스티커를 찾아 붙이세요.

$2 \times 3 =$

$2 \times 9 =$

$2 \times 4 =$

$2 \times 10 =$

$2 \times 6 =$

$2 \times 7 =$

아이 1명당 팔 튜브가 2개씩 필요해요.
팔 튜브가 모두 몇 개 필요할까요?

아이 1명이 수영하려면 팔 튜브가 모두 ☐ 개 필요해요.

....

아이 5명이 수영하려면 팔 튜브가
모두 ☐ 개 필요해요.

....

아이 6명이 수영하려면 팔 튜브가
모두 ☐ 개 필요해요.

....

아이 12명이 수영하려면 팔 튜브가
모두 ☐ 개 필요해요.

....

아이 7명이 수영하려면 팔 튜브가
모두 ☐ 개 필요해요.

....

아이 2명이 수영하려면 팔 튜브가
모두 ☐ 개 필요해요.

칭찬 스티커를
붙이세요.

5

문제를 다 푼 다음, 32쪽으로!

2단 곱셈 기억하기

 빈 축구공에 2단 곱셈의 값을 차례대로 쓰세요.

골에
공을 넣어 봐!

 빈칸에 2단 곱셈의 값을 차례대로 쓰세요.

14　16　18

 빈 깃발에 2단 곱셈의 값을 차례대로 쓰세요.

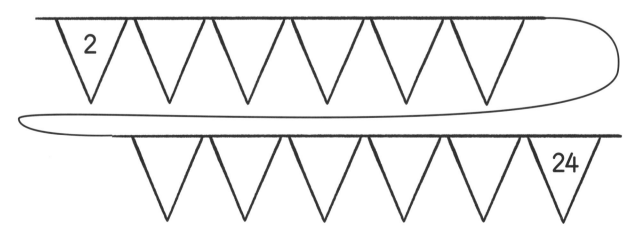

2

24

2단 곱셈을 하고, 같은 수의 물고기가 있는 연못을
찾아 선으로 이으세요.

곱셈의 답과
같은 수의 물고기를
잡을 수 있도록
도와줘.

 친구들에게 줄 사과를 따요. 친구 1명에 사과를 2개씩 나누어 주려면
모두 몇 개의 사과를 따야 하는지 알맞은 스티커를 찾아 붙이세요.

샘은 9명의
친구에게 줄
사과를 따요.

미나는 3명의
친구에게 줄
사과를 따요.

칭찬 스티커를
붙이세요.

비제이는 6명의
친구에게 줄
사과를 따요.

이든은 11명의
친구에게 줄
사과를 따요.

문제를 다 푼 다음, 32쪽으로!

2단 곱셈의 값을 모두 찾아 색칠하세요.

 내가 숨긴 단어를 찾아봐!

14	1	2	25	16	14	12	7	18	10	20
10	7	12	9	8	15	1	19	6	11	21
8	6	4	11	2	12	20	5	10	4	12
11	3	10	1	4	27	17	29	7	23	16
24	12	6	13	10	22	6	3	4	18	8

 위 표에 나타난 영어 단어를 쓰세요. _____

 안의 2단 곱셈을 계산한 값을 오른쪽 그림에서 찾아 차례대로 선으로 이으세요.

2 × 1

2 × 12

2 × 9

2 × 8

2 × 7

2 × 3

2 × 5

2 × 6

2 × 11

2 × 4

2 × 1

6

14

10

16

12   22

18

24   8

2

나한테 무엇을 만들어 줄래?

8

비스킷 I개에 체리를 2개씩 올려놓으려고 해요. 각각 몇 개의 체리가
필요한지 알맞은 스티커를 찾아 붙이세요.

곱셈을 하여 아이와 좌석을 알맞게
선으로 이으세요.

아이들의 표에 쓰인
곱셈의 답이 좌석 번호야.

| 16 | 17 | 18 | 19 | 20 | 21 |
| 10 | 11 | 12 | 13 | 14 | 15 |

2 × 5   2 × 8   2 × 7   2 × 10

칭찬 스티커를
붙이세요.

문제를 다 푼 다음, 32쪽으로!

2단 곱셈 이용하기

 2단 곱셈을 하여 암호를 풀어 보세요. 곱셈의 답에 해당하는 알파벳을 암호표에서 찾아 ◯ 안에 쓰세요.

암호표			
1 = k	2 = s	3 = c	4 = f
5 = p	6 = o	7 = n	8 = m
9 = l	10 = t	11 = j	12 = i
13 = h	14 = g	15 = q	16 = e
17 = d	18 = r	19 = w	20 = a
21 = z	22 = y	23 = x	24 = b
25 = v	26 = u		

2 × 2　　2 × 10　　2 × 12

2 × 11　　2 × 8　　2 × 1

2 × 12　　2 × 8　　2 × 1　　2 × 5

암호를 풀어
영어 단어를
완성해 봐.

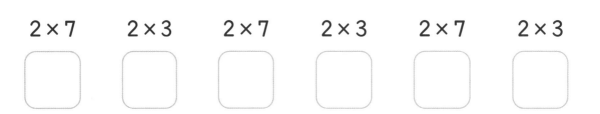

2 × 7　　2 × 9　　2 × 8　　2 × 10　　2 × 5

2 × 7　　2 × 3　　2 × 7　　2 × 3　　2 × 7　　2 × 3

□ 안에 알맞은 수를 쓰세요.

1봉지에 각각 2개씩 들어 있어.

<오늘 산 과일>

사과 6봉지　　사과는 모두 □ 개.

당근 11봉지　　당근은 모두 □ 개.

토마토 10봉지　토마토는 모두 □ 개.

자두 8봉지　　자두는 모두 □ 개.

파인애플 1봉지　파인애플은 모두 □ 개.

오렌지 7봉지　　오렌지는 모두 □ 개.

망고 4봉지　　망고는 모두 □ 개.

멜론 2봉지　　멜론은 모두 □ 개.

칭찬 스티커를 붙이세요.

 2단 곱셈 놀이

신발이나 양말, 장갑처럼 두 개가 한 쌍인 것을 찾아보세요.
가족이 각각 신발 한 켤레, 양말 한 켤레, 장갑 한 켤레씩을 가지고 있다면
각 물건은 모두 몇 개인지 말해 보세요.

문제를 다 푼 다음, 32쪽으로!

10단 곱셈 알기

 발가락의 수가 맞도록 빈 곳에 사라진 수 0을 쓰세요.

   발가락이 10개인 아이 1명

= 발가락은 모두 1 **0** 개

 발가락이 10개인 아이 2명

= 발가락은 모두 2____개

 발가락이 10개인 아이 3명

= 발가락은 모두 3____개

 발가락이 10개인 아이 4명

= 발가락은 모두 4____개

 발가락이 10개인 아이 5명

= 발가락은 모두 5____개

발가락이 10개인 아이 6명

= 발가락은 모두 6____개

 ☐안에 알맞은 수를 쓰세요.

발가락이 10개인 아이 7명 = 발가락은 모두 **70** 개

발가락이 10개인 아이 8명 = 발가락은 모두 ☐ 개

발가락이 10개인 아이 9명 = 발가락은 모두 ☐ 개

발가락이 10개인 아이 10명 = 발가락은 모두 ☐ 개

발가락이 10개인 아이 11명 = 발가락은 모두 ☐ 개

발가락이 10개인 아이 12명 = 발가락은 모두 ☐ 개

발가락은 모두 몇 개일까?

10단 곱셈의 값을 모두 찾아 색칠하세요.

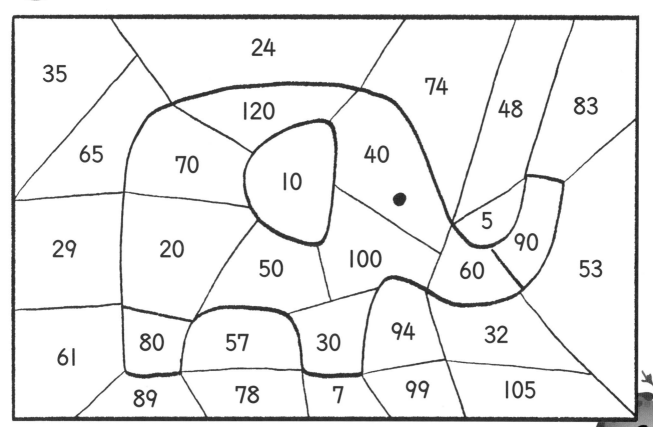

 10단 곱셈을 완성하세요.

그림 속에 어떤 동물이 숨어 있니?

10 × 1 = 10   10 × 7 =

10 × 2 =   10 × 8 =

10 × 3 =   10 × 9 =

10 × 4 =   10 × 10 =

10 × 5 =   10 × 11 =

10 × 6 =   10 × 12 =

칭찬 스티커를 붙이세요.

문제를 다 푼 다음, 32쪽으로!

각 원숭이가 가진 바나나는 몇 묶음이고
모두 몇 개인지 ⬭ 안에 알맞은 수를 쓰세요.

바나나는 ⬭2⬭ 묶음이고
모두 ⬭20⬭ 개예요.

바나나는 ⬭ ⬭ 묶음이고
모두 ⬭ ⬭ 개예요.

바나나는 ⬭ ⬭ 묶음이고
모두 ⬭ ⬭ 개예요.

바나나는 ⬭ ⬭ 묶음이고
모두 ⬭ ⬭ 개예요.

바나나는 ⬭ ⬭ 묶음이고
모두 ⬭ ⬭ 개예요.

바나나는 ⬭ ⬭ 묶음이고
모두 ⬭ ⬭ 개예요.

바나나는 ⬭ ⬭ 묶음이고
모두 ⬭ ⬭ 개예요.

글을 읽고, 알맞은 수의 로켓 스티커를 붙이세요.

 로켓 1개에 줄무늬가 10개씩 있어요.
각 로켓의 수에 알맞은 줄무늬의 수를 쓰세요.

로켓을 쏘아 올릴 준비가 됐어!

로켓 2개에는 줄무늬가 모두 _____개 있어요.

로켓 7개에는 줄무늬가 모두 _____개 있어요.

로켓 3개에는 줄무늬가 모두 _____개 있어요.

로켓 8개에는 줄무늬가 모두 _____개 있어요.

로켓 12개에는 줄무늬가 모두 _____개 있어요.

로켓 5개에는 줄무늬가 모두 _____개 있어요.

로켓 4개에는 줄무늬가 모두 _____개 있어요.

로켓 6개에는 줄무늬가 모두 _____개 있어요.

 ## 10단 곱셈 놀이

10단 곱셈표를 만들어 침대 위의 벽에 붙이세요.
매일 밤 잠들기 전에 곱셈구구 노래를 부르면서 외워 보세요.

칭찬 스티커를 붙이세요.

문제를 다 푼 다음, 32쪽으로!

10단 곱셈 기억하기

 빈 비눗방울에 10단 곱셈의 값을 차례대로 쓰세요.

비눗방울이 터지기 전에 수를 써야 해.

 10단 곱셈을 한 값이 쓰인 돛을 찾아 배와 같은 색으로 칠하세요.

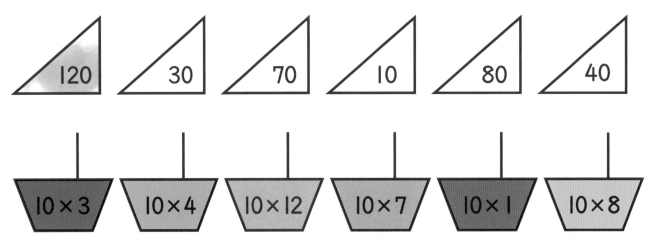

| 120 | 30 | 70 | 10 | 80 | 40 |

| 10×3 | 10×4 | 10×12 | 10×7 | 10×1 | 10×8 |

곱셈을 한 값이 올챙이의 수와 같은 것을 찾아 선으로 이으세요.

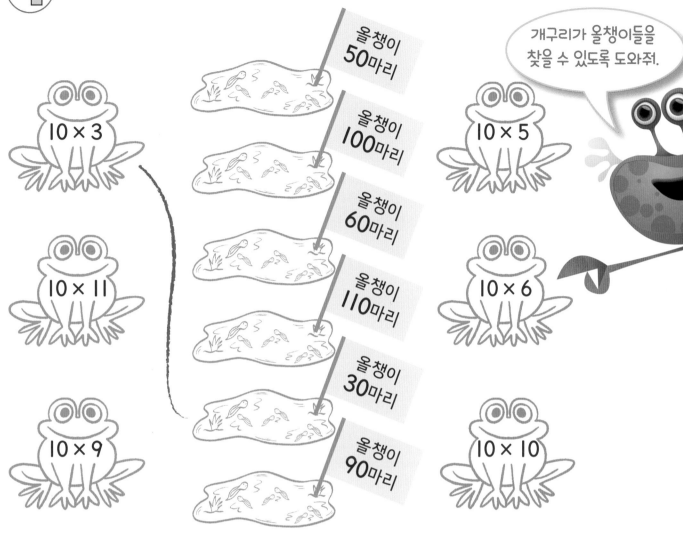

올챙이 50마리

올챙이 100마리

올챙이 60마리

올챙이 110마리

올챙이 30마리

올챙이 90마리

10 × 3

10 × 11

10 × 9

10 × 5

10 × 6

10 × 10

개구리가 올챙이들을 찾을 수 있도록 도와줘.

 곱셈을 하여 빈칸에 알맞은 수를 쓰세요.

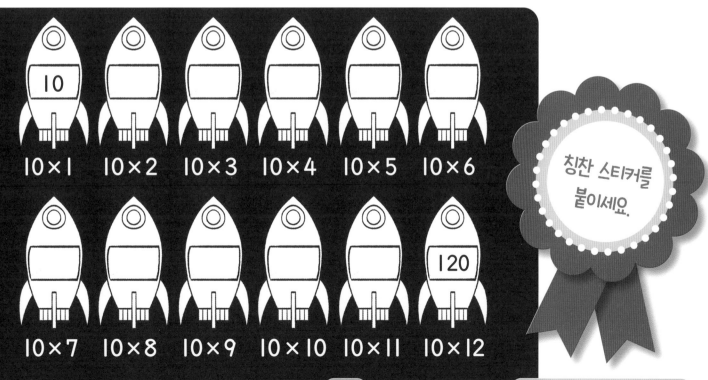

| 10 | | | | | |

10×1   10×2   10×3   10×4   10×5   10×6

| | | | | | 120 |

10×7   10×8   10×9   10×10   10×11   10×12

칭찬 스티커를 붙이세요.

문제를 다 푼 다음, 32쪽으로!

10단 곱셈의 값을 모두 찾아 색칠하세요.

 내가 숨긴 비밀 단어를 찾아봐!

40	1	56	89	120	25	70	10	20	42	90	12	64	35	60
100	117	20	21	90	19	10	76	50	27	110	109	30	5	20
10	14	50	93	50	71	60	44	30	15	50	9	70	88	50
60	31	110	7	80	66	90	2	80	95	10	52	40	21	90
70	80	50	100	30	102	110	80	40	119	100	70	120	50	10

 위 표에 나타난 영어 단어를 쓰세요. _____

 ◻ 안의 10단 곱셈을 계산한 값을 오른쪽 그림에서 찾아 차례대로 선으로 이으세요.

10 × 5
10 × 2
10 × 7
10 × 12
10 × 9
10 × 1
10 × 6
10 × 10
10 × 8
10 × 3
10 × 11
10 × 4
10 × 5

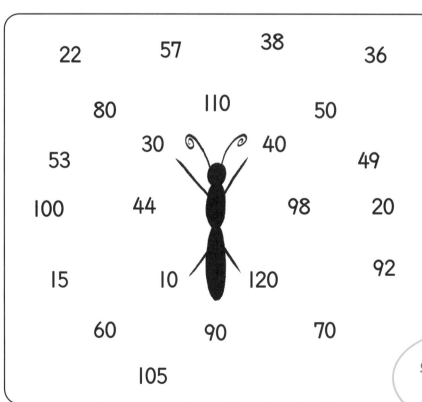

완성된 그림을 색칠해 봐!

각 화살이 꽂힌 점수에 10을 곱한 값을 빈 카드에 쓰세요.

 각 셔츠의 수에 10을 곱한 값이 쓰인 공을 찾아 선으로 잇고, 골을 넣은 아이에게 ○표 하세요.

문제를 다 푼 다음, 32쪽으로!

10단 곱셈 이용하기

 10단 곱셈을 하여 암호를 풀어 보세요. 곱셈의 답에 해당하는 알파벳을 암호표에서 찾아 ◯ 안에 쓰세요.

암호표

5 = y	35 = w	70 = i	95 = p	120 = g	160 = x
10 = c	40 = o	75 = z	100 = m	130 = j	
20 = t	50 = a	80 = s	105 = b	135 = v	
25 = n	55 = f	85 = h	110 = e	140 = k	
30 = r	60 = l	90 = d	115 = u	150 = q	

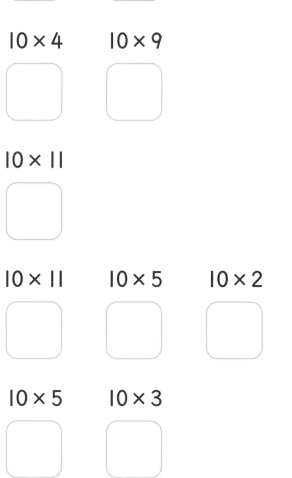

암호를 풀어서 영어 단어를 완성해 봐!

10×1 ◯　　10×4 ◯　　10×4 ◯　　10×6 ◯

10×12 ◯　　10×4 ◯　　10×4 ◯　　10×9 ◯

10×5 ◯　　10×1 ◯　　10×11 ◯

10×12 ◯　　10×3 ◯　　10×11 ◯　　10×5 ◯　　10×2 ◯

10×8 ◯　　10×2 ◯　　10×5 ◯　　10×3 ◯

2단, 10단 곱셈 이용하기

 ◯ 안에 알맞은 수를 쓰세요.

A = 2점	B = 10점

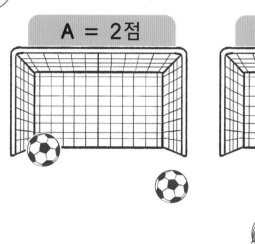

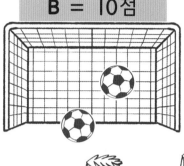

모두 몇 점을 얻었어?

한나는 **A** 골에 공 **4**개를 넣었어요.   모두 ◻ 점이에요.

사미르는 **B** 골에 공 **9**개를 넣었어요.   모두 ◻ 점이에요.

벨라는 **A** 골에 공 **12**개를 넣었어요.   모두 ◻ 점이에요.

조지는 **B** 골에 공 **11**개를 넣었어요.   모두 ◻ 점이에요.

아이샤는 **B** 골에 공 **7**개를 넣었어요.   모두 ◻ 점이에요.

파울로는 **A** 골에 공 **5**개를, **B** 골에 공 **3**개를 넣었어요.

모두 ◻ 점이에요.

멜라니는 **A** 골에 공 **10**개를, **B** 골에 공 **4**개를 넣었어요.

모두 ◻ 점이에요.

누가 가장 많은 점수를 얻었는지 이름을 쓰세요.

_____

잘했어!

칭찬 스티커를 붙이세요.

문제를 다 푼 다음, 32쪽으로!

5단 곱셈 알기

📖 글을 읽고, ◯ 안에 알맞은 수를 쓰세요.

규칙을
찾을 수 있겠니?
일의 자리에
5, 0, 5, 0, 5, 0…,
십의 자리에
1, 1, 2, 2, 3, 3….

손가락이 5개인 장갑이 1개면 손가락은 모두 ☐ 5 ☐개예요.

손가락이 5개인 장갑이 2개면 손가락은 모두 ☐개예요.

손가락이 5개인 장갑이 3개면 손가락은 모두 ☐개예요.

손가락이 5개인 장갑이 4개면 손가락은 모두 ☐개예요.

손가락이 5개인 장갑이 5개면 손가락은 모두 ☐개예요.

손가락이 5개인 장갑이 6개면 손가락은 모두 ☐개예요.

손가락이 5개인 장갑이 7개면 손가락은 모두 ☐개예요.

 ◯ 안에 알맞은 수를 쓰세요.

손가락이 5개인 장갑이 8개면 손가락은 모두 ☐ 40 ☐개예요.

손가락이 5개인 장갑이 9개면 손가락은 모두 ☐개예요.

손가락이 5개인 장갑이 10개면 손가락은 모두 ☐개예요.

손가락이 5개인 장갑이 11개면 손가락은 모두 ☐개예요.

손가락이 5개인 장갑이 12개면 손가락은 모두 ☐개예요.

5단 곱셈을 완성하세요.

5 × 1 = ◯   5 × 5 = ◯   5 × 9 = ◯

5 × 2 = ◯   5 × 6 = ◯   5 × 10 = ◯

5 × 3 = ◯   5 × 7 = ◯   5 × 11 = ◯

5 × 4 = ◯   5 × 8 = ◯   5 × 12 = ◯

 5단 곱셈의 값이 쓰인 공을 모두 찾아 색칠하세요.

1 2 3 4 5 6 7 8 9 10

11 12 13 14 15 16 17 18 19 20

21 22 23 24 25 26 27 28 29 30

31 32 33 34 35 36 37 38 39 40

41 42 43 44 45 46 47 48 49 50

51 52 53 54 55 56 57 58 59 60

색칠한 공은 모두 몇 개야?

칭찬 스티커를 붙이세요.

문제를 다 푼 다음, 32쪽으로!

케이크 1개에 체리가 5개씩 있어요. ☐ 안에 알맞은 수를 쓰세요.

체리가 모두 ☐ 개

체리가 모두 ☐ 개

체리가 모두 ☐ 개

체리가 모두 ☐ 개

 케이크 1개에 체리를 5개씩 그리고, ☐ 안에 알맞은 수를 쓰세요.

체리가 모두 ☐ 개

체리가 모두 ☐ 개

체리가 모두 ☐ 개

체리가 모두 ☐ 개

5단 곱셈 기억하기

 빈칸에 5단 곱셈의 값을 차례대로 쓰세요.

 5

 60

 5단 곱셈 놀이

5단 곱셈표를 만들어 화장실 근처에 붙이세요.
몸을 씻을 때 큰 소리로 곱셈구구 노래를 부르며 외워 보세요.

종이 카드 10장을 준비하세요. 5단 곱셈 문제 5개와 정답 5개를
각각 다른 종이에 쓰세요. 카드를 섞은 다음 뒷면이 보이도록 놓고,
번갈아 가며 뒤집어서 짝을 찾는 놀이를 해 보세요.

칭찬 스티커를 붙이세요.

문제를 다 푼 다음, 32쪽으로!

각 우주선의 수에 **5**를 곱한 값이 쓰인 헬멧을 쓴 우주 비행사를 찾아 선으로 이으세요.

5단 곱셈을 하여 우주선에 태울 우주 비행사를 찾아 줘.

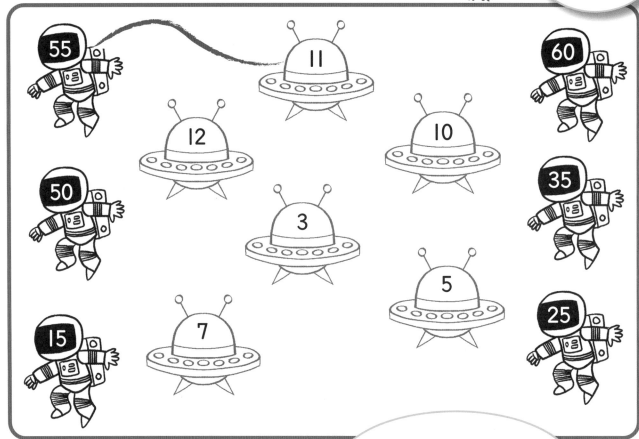

호랑이가 1마리씩 늘어날수록 줄무늬는 몇 개씩 많아지는지 5단 곱셈으로 풀어 봐.

 호랑이 1마리의 등에 줄무늬가 **5**개씩 있어요. 각 호랑이 수에 알맞은 줄무늬 수 스티커를 붙이세요.

1마리	2마리	3마리	4마리	5마리	6마리
7마리	8마리	9마리	10마리	11마리	12마리

5단 곱셈의 값을 모두 찾아 색칠하세요.

내가 비밀 단어를 숨겨 놓았어.

10	5	45	1	15	25	60	17	20	35	40	21	55	3	19
35	7	12	38	20	4	55	42	5	9	15	37	10	49	41
60	36	59	27	30	16	45	8	25	53	60	42	5	13	32
15	22	18	14	5	33	35	47	55	17	45	11	20	39	6
25	50	20	24	40	45	10	2	5	30	10	23	15	35	60

 위 표에 나타난 영어 단어를 쓰세요. _____

 ▨ 안의 5단 곱셈을 계산한 값을 아래 그림에서 찾아 차례대로 선으로 이으세요.

5 × 10
5 × 8
5 × 3

5 × 7
5 × 12
5 × 9

5 × 1
5 × 6
5 × 10

무슨 동물일까?

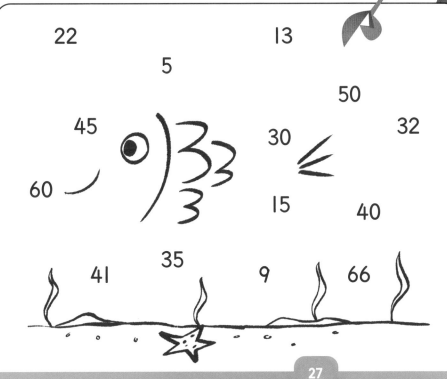

칭찬 스티커를 붙이세요.

문제를 다 푼 다음, 32쪽으로!

5단 곱셈 이용하기

5단 곱셈을 하여 암호를 풀어 보세요. 곱셈의 답에 해당하는 알파벳을 암호표에서 찾아 ⬭ 안에 쓰세요.

암호표

5 = a	30 = t	55 = b	80 = j	105 = q	130 = z
10 = e	35 = r	60 = c	85 = k	110 = v	
15 = i	40 = s	65 = p	90 = u	115 = w	
20 = o	45 = h	70 = d	95 = m	120 = x	
25 = l	50 = n	75 = f	100 = g	125 = y	

너도 암호를 풀 수 있어.

5 × 9	5 × 2	5 × 7	5 × 4
h			

5 × 10	5 × 3	5 × 12	5 × 2

5 × 8	5 × 12	5 × 4	5 × 7	5 × 2

5 × 11	5 × 5	5 × 1	5 × 8	5 × 6

5 × 11	5 × 2	5 × 8	5 × 6

5단, 10단 곱셈 이용하기

 각 꽃에 쓰여 있는 수에 알맞은 5단과 10단 곱셈식을 쓰세요.

문제를 다 푼 다음, 32쪽으로!

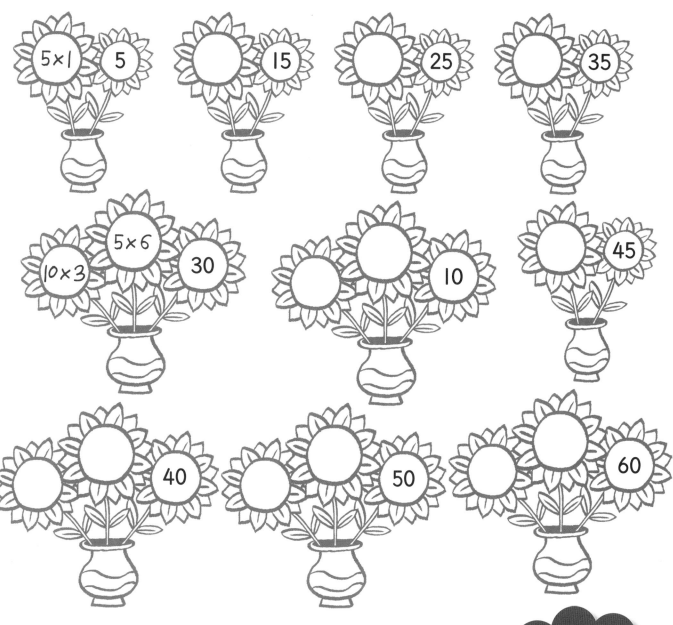

5×1 / 5

15

25

35

10×3 / 5×6 / 30

10

45

40

50

60

 5단 곱셈 놀이

주변에서 5단 곱셈으로 수를 셀 수 있는 것을 찾아보세요.
예를 들면 라면이 1봉지에 5개씩 들어 있어요.
4봉지에 들어 있는 라면은 모두 몇 개인지 계산해 보세요.

5단 곱셈표를 만들어 벽에 붙이세요. 곱셈구구 노래를 부르며 외워 보세요.
공을 바닥에 튀겨 보세요. 한 번 튀길 때마다 5, 10, 15, 20과 같이
5단 곱셈의 값으로 세어 보세요.

칭찬 스티커를
붙이세요.

2단, 5단, 10단 곱셈 이용하기

 자루 안에 든 사과는 몇 개일까요?
곱셈을 하여 빈 곳에 알맞은 수를 쓰세요.

같은 수의 사과가 들어 있는 자루끼리
선으로 이으세요.

같은 수의 사과가
들어 있는 자루는
두 개씩 또는 세 개씩이야.

화살을 쏘아 얻은 점수를 ⬭ 안에 쓰세요.

점수 카드를 보고, 각 원을 맞혔을 때 몇 점을 얻는지 확인해 봐!

점수 카드

초록 원 안에 화살을 맞히면 2점.

노란 원 안에 화살을 맞히면 5점.

파란 원 안에 화살을 맞히면 10점.

맥스는 초록 원 안에 화살 4개를 맞혔어요.

모두 ☐ 점이에요.

클레어는 노란 원 안에 화살 7개를 맞혔어요.

모두 ☐ 점이에요.

지나는 파란 원 안에 화살 9개를 맞혔어요.

모두 ☐ 점이에요.

야스민은 노란 원 안에 화살 2개를 맞혔어요.

모두 ☐ 점이에요.

비크람은 초록 원 안에 화살 11개를 맞혔어요.

모두 ☐ 점이에요.

사라는 파란 원 안에 화살 6개를, 노란 원 안에

화살 4개를 맞혔어요. 모두 ☐ 점이에요.

칭찬 스티커를 붙이세요.

누가 가장 높은 점수를 얻었는지 이름을 쓰세요.

_____

문제를 다 푼 다음, 32쪽으로!

나의 실력 점검표

 얼굴에 색칠하세요.

😊 잘할 수 있어요.

😐 할 수 있지만 연습이 더 필요해요.

😟 아직은 어려워요.

쪽	나의 실력은?	스스로 점검해요!		
2~3	2단 곱셈을 알아요.	😊	😐	😟
4~5	2단 곱셈을 할 수 있어요.	😊	😐	😟
6~7	2단 곱셈으로 나타낼 수 있어요.	😊	😐	😟
8~9	2단 곱셈을 기억할 수 있어요.	😊	😐	😟
10~11	2단 곱셈을 이용할 수 있어요.	😊	😐	😟
12~13	10단 곱셈을 알아요.	😊	😐	😟
14~15	10단 곱셈을 할 수 있어요.	😊	😐	😟
16~17	10단 곱셈으로 나타낼 수 있어요.	😊	😐	😟
18~19	10단 곱셈을 기억할 수 있어요.	😊	😐	😟
20~21	2단과 10단 곱셈을 이용할 수 있어요.	😊	😐	😟
22~23	5단 곱셈을 알아요.	😊	😐	😟
24~25	5단 곱셈을 할 수 있어요.	😊	😐	😟
26~27	5단 곱셈을 기억할 수 있어요.	😊	😐	😟
28~29	5단과 10단 곱셈을 이용할 수 있어요.	😊	😐	😟
30~31	2단, 5단, 10단의 곱셈을 이용할 수 있어요.	😊	😐	😟

나와 함께 한 공부 어땠어?

정답

2~3쪽
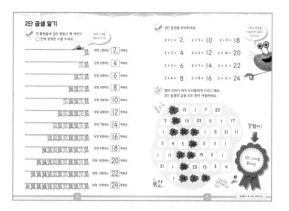

4~5쪽
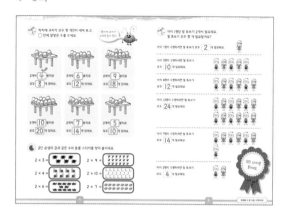

6~7쪽
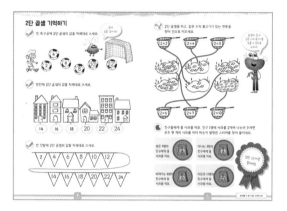

8~9쪽

10~11쪽

12~13쪽
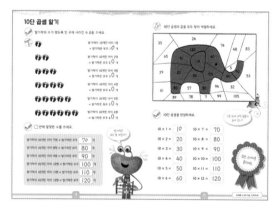

14~15쪽
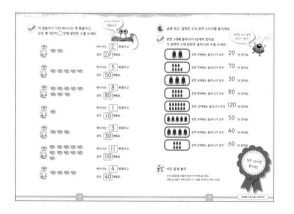

16~17쪽
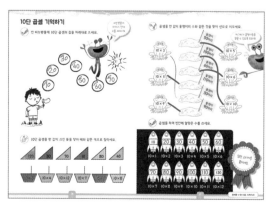

18~19쪽

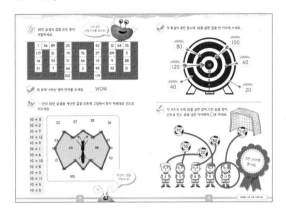

20~21쪽

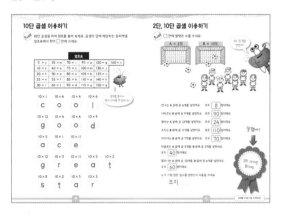

22~23쪽

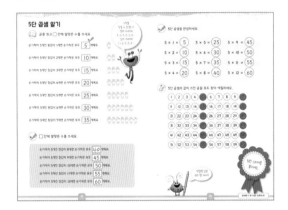

24~25쪽

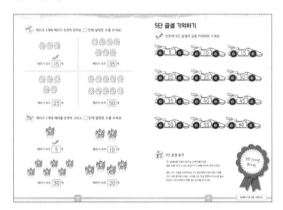

26~27쪽

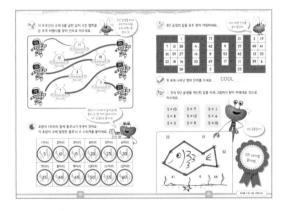

28~29쪽

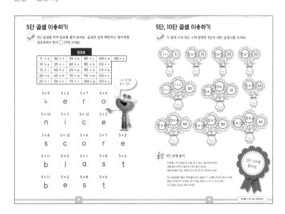

30~31쪽

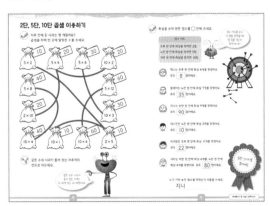

정리 노트

런런 옥스퍼드 수학

3-4 곱셈 기본 다지기

초판 1쇄 발행 2022년 12월 6일

글·그림 옥스퍼드 대학교 출판부 **옮김** 상상오름

발행인 이재진 **편집장** 안경숙 **편집 관리** 윤정원 **편집 및 디자인** 상상오름

마케팅 정지운, 김미정, 신희용, 박현아, 박소현 **국제업무** 장민경, 오지나 **제작** 신홍섭

펴낸곳 (주)웅진씽크빅

주소 경기도 파주시 회동길 20 (우)10881

문의 031)956-7403(편집), 02)3670-1191, 031)956-7065, 7069(마케팅)

홈페이지 www.wjjunior.co.kr **블로그** wj_junior.blog.me **페이스북** facebook.com/wjbook

트위터 @wjbooks **인스타그램** @woongjin_junior

출판신고 1980년 3월 29일 제406-2007-00046호

원제 PROGRESS WITH OXFORD: MATH

한국어판 출판권 ©(주)웅진씽크빅, 2022 **제조국** 대한민국

ISBN 978-89-01-26526-1
ISBN 978-89-01-26510-0 (세트)

잘못 만들어진 책은 바꾸어 드립니다.

주의 1. 책 모서리가 날카로워 다칠 수 있으니 사람을 향해 던지거나 떨어뜨리지 마십시오.

   2. 보관 시 직사광선이나 습기 찬 곳은 피해 주십시오.